ELEMENTOS QUÍMICOS
A tabela periódica

Os objetos quase infinitas e materiais que nos rodeiam são na verdade composta de apenas um número limitado de elementos químicos . Sabemos hoje que 91 existem naturalmente na Terra. Eles começam com hidrogênio que foi formada Pouco depois o universo veio à existência. Os outros 90 foram feitas por reações nucleares que ocorrem no núcleo Ou de estrelas queima ou pela explosão catastrófica chamado supernovas que às vezes são produzidos quando as estrelas da . Vários outros elementos são feitos artificialmente nos laboratórios .

Cada elemento tem um comportamento diferente e tem propriedades diferentes de todos os outros. Um sistema de organização de informações sobre as propriedades químicas dos elementos e compostos químicos Eles moldam é essencial. A tabela periódica moderna é baseada principalmente no trabalho do químico russo Dmitri Mendeleiev cuja tabela publicada em 1869 Colocados os elementos nas linhas horizontais Accor ding ao seu peso com uma linha abaixo do outro para que todos os elementos com propriedades semelhantes caiu em colunas verticais . No século 20, com o conhecimento adquirido sobre a estrutura do átomo, a maneira correta de ordenar os elementos que descobriu e presente tabela periódica que formulada.

Atom composto de prótons , nêutrons e elétrons são componentes básicos dos elementos. Físico Inglês Henry Moseley demostrated fez o que minas determinista o comportamento de cada elemento é o seu número atômico, o número de prótons em seu núcleo , e não sua atomicweight que é uma medida do número total de prótons e nêutrons no núcleo. A maneira correta de ordenar os elementos na tabela periódica Portanto, o que por seu número atômico . Embora o átomo de um elemento givenName têm o mesmo número de protões Eles podem ter um número diferente de neutrões . Estes são chamados de isótopos e sua existência explica porque o peso atômico é um indicador confiável da posição de um elemento na tabela periódica .

Os elementos estão dispostos em ordem de seus números atômicos em linhas chamadas períodos. Movendo-se da esquerda para a direita em um período , não há transição de elementos são metais fez com thosethat são não-metais. As colunas verticais da tabela periódica são chamados grupos . Todos os elementos dentro de um grupo possuem propriedades químicas semelhantes e são muitas vezes referidos como por famílias de elementos .

POR QUE elementos dentro de um grupo têm SIMILAR COMPORTAMENTO CHEMICAL

O número de minas determinísticos atômicas quantos elétrons carregados negativamente estão contidos no átomo de um elemento particular e é a estrutura dos elétrons que orbitam o núcleo fiz o meu determinista como os elementos reajam entre si . Esta distribuição de elétrons na valência , ou exterior , shell do átomo estão expostos a outro átomo whenthey reagir. Elementos cuja conchas valência estão completamente Chame completo são extremamente estáveis e parecem reagir com quase nada mais. Aqueles com conchas incompletos tendem a reagir com o outro átomo de um modo thatwill conchas síntese completa . Átomos com configuração de camada de valência semelhante têm propriedades químicas semelhantes . Elementos de um mesmo grupo da tabela periódica tem o mesmo número de electrões de valência .

A tabela periódica é , em seguida, um mapa da forma em que se arranjam electrões no átomo de um elemento particular . A capacidade de prever o comportamento químico de um elemento com base na linha e coluna em que se encontra Faz a tabela periódica de ferramenta de referência inestimável para os praticantes da ciência.

HIDROGÊNIO
Número atômico : 1
Símbolo químico : H
Grupo : 1A

Hidrogênio consiste em nada mais do que um único próton , que serve como seu núcleo , circundados por um único elétron . A sua simplicidade ajuda a explicar por que é , de longe, o elemento mais abundante , constituindo 93 % de todos os átomos do universo . O hidrogênio é um gás não tem odor ou gosto Que, é completamente Chame incolor e extremamente flammable.The combinação de hidrogênio com o oxigênio produz o seu composto mais comum , water.Hydrogen é, portanto, contido em compostos orgânicos, compostos biológicos presentes nos organismos vivos , em perfumes , corantes , pesticidas, DNAs e proteínas ! A lista vai sobre e sobre!

HÉLIO
Número atômico : 2
Símbolo químico : Ele
Grupo VIII A - Os gases nobres

Como todos os gases nobres , hélio é hidrogênio e hélio para formar surpreendente 99,9% de elementos no universo Incolor e odourless.Together . Seu nome vem do grego " helios executar ", que significa o "sol" . Hélio a partir do sol é produzido pela fusão de hidrogênio . Esta reação fornece a energia que o sol irradia para o espaço fez. Hélio tem uma baixa densidade e é, portanto, útil em dirigíveis e balões de brinquedo para sua flutuabilidade em air.Astrnomers usar o hélio líquido extremamente fria para remover a partir de "ruído" térmico , tornando mais fácil e mais confiável para receber dados de galáxias distantes.

LITHIUM
Número atômico : 3
Símbolo químico : Li
Grupo IA metais alcalinos A

O lítio metálico é extremamente reativo e combina com o alumínio para formar baixa densidade, estruturalmente forte liga usada em aeronaves e naves espaciais . Por isso, é usado como um terminal positivo ou ânodo em pequenas pilhas usadas em câmeras, pacemakers e calculadoras. Hidróxido de lítio é um muito eficiente ar - purificador . Ele absorve o CO_2 do ar para formar o carbonato de lítio . Lítio tem a capacidade de calor mais alto de qualquer elemento . Esta propriedade faz com que o material de transferência de calor ideal e ele está sendo usado em reatores nucleares experimentais para absorver o calor produzido pela fissão do urânio .
Na medicina carbonato de lítio e citrato de lítio são conhecidos como estabilizadores de humor muito eficazes na doença maníaco-depressiva .

BERYLLIUM
Número atômico : 4
Símbolo químico : Seja
Grupo IIA -Os metais alcalino-terrosos

Na sua forma pura , o berílio é uma luz, bastante duro , metal branco-acinzentado . Como todos os metais fez compõem o grupo terroso, ele é muito reativo pode ser encontrada em seu estado livre . Depósitos do berílio mineral estão distribuídos por Brasil , Argentina, e os EUA. Cristais de berílio são conhecidos por sua aparência requintada . Ambos esmeralda e água-marinha são naturalmente Ocorrendo formas preciosas deste mineral. Berílio desempenhou um papel fundamental na descoberta do nêutron em 1932 e continua a ser útil em pesquisas sobre núcleos atômicos .

BORON
Número atômico : 5
Símbolo químico : B
Grupo III A

O boro é um elemento duro , quebradiço , não- metálico . É geralmente ligada com oxigénio , água e sódio em um composto chamado de bórax que é usado como um agente de limpeza e amaciador de água . Quando a água é suavizada , o magnésio e cálcio são substituídas por de sódio relativamente inofensivo e potássio. Outro composto de boro é bórico ACED Industrialmente usado para fazer pirex , um vidro resistente ao calor especial usado em cozinhas . ' Varas ' Boro são cruciais na utilização de reatores nucleares. Eles pode ser reduzido para um reactor para absorver neutrões correu assim controlando a potência a ser produzido pelo reactor .

CARBONO
Número atômico : 6
Símbolo químico : C
Grupo IV A

Carbono representa apenas 0,09 % da crosta terrestre em massa , no entanto, é o elemento mais essencial para a vida no nosso planeta. Carbono deve a sua posição central no mundo orgânico à capacidade de seu átomo para a ligação com outro átomo de carbono para formar longas cadeias se linear ou ramificada Ou são . Uma busca molécula longa acorrentado no DNA encontrado no material genético de todos os seres vivos. Elemento pode existir em várias formas chamados alótropos natural. O carbono é encontrado nas formas alotrópicas de grafite , carvão e mais espectacular de diamante .

NITROGÊNIO
Número atômico : 7
Símbolo químico : N
Grupo V

O nitrogênio não tem qualquer propriedade estimulação sentido e estamos constantemente respirando em grandes quantidades como inalamos ar. Ele domina os gases na atmosfera da Terra que compõem cerca de 78 % em volume. Reds formas de nitrogênio cão de milhares de compostos que são cruciais para a agricultura ea indústria do real nominal mais importante é a amônia. Na sua forma gasosa , o nitrogênio é frequentemente usado em situações em que é importante para manter outros gases atmosféricos, mais reativas de distância. Por exemplo , a preventDefault a oxidação do vinho , as garrafas de vinho são enchidos com azoto Muitas vezes, após a rolha é removida .

OXIGÊNIO
Número atômico : 8
Símbolo químico: O
Grupo VI A

O oxigênio existe na atmosfera em água, e na crosta terrestre em uma enorme variedade de rochas e minerais . É essencial para a vida e parte de cada molécula biológica em nossos corpos. Embora muitos processos naturais consomem o oxigênio , é constantemente reabastecido pela fotossíntese nas plantas Malthus continuamente sendo consumidos e continuamente sendo produzidos . O químico Inglês Joseph Priestley é creditado com a descoberta do oxigênio . Ele aqueceu ao óxido de mercúrio e observou que o gás que exalava causou a vela queimar com uma chama extremamente brilhante. O gás que o oxigênio !

FLÚOR
Número atômico : 9
Símbolo químico : F

Grupo VII A- O halogéneo

O flúor é o menor, mais leve e de halogênio mais reativo . Todos átomo neste grupo facilmente combinar com metais para formar sais . Em muitas partes do mundo o fluoreto de sódio é adicionado à água de abastecimento público. A pesquisa mostrou fez pequenas quantidades de flúor podem retardar o desenvolvimento de cáries nos dentes . Na presença de hidrogénio , flúor arde com força explosiva Produzir fluoreto de hidrogénio que, quando dissolvido em água, forma de ácido fluorídrico . É extremamente perigoso . No entanto, é utilizada para dissolver o vidro e é utilizado para gravar desenho em objectos de vidro .

NEON
Número atômico : 10
Símbolo químico: Ne
Grupo VIII A Noble- gás

Neon como todos os gases nobres é mono atômica. Os sinais de néon familiares na loja janelas de contenção e restaurante néon brilhos gás fez Quando ele é energizado por descarga elétrica em . Quando isto acontece , um átomo de néon no gás emitem radiação sob a forma de luz laranja - vermelho . Diferentes gases são usados para a produção de sinais de diferentes colurs . Cada gás irradia sua própria característica de cor Quando excitado . Neon comercial é produzido em plantas de liquefação de ar . Porque neon tem um ponto de -229 graus centígrados de ebulição , ele permanece como um resíduo após o nitrogênio mais voláteis e oxigênio ter fervido fora !

SÓDIO
Número atômico : 11
Símbolo químico : Na
Grupo IA- os metais alcalinos

O sódio é um metal leve prateado brilhante extremamente reativo suficiente para flutuar na água e suave o suficiente para ser cortado com uma faca. É uma parte de muitos compostos importantes encontram amplamente distribuídos que toda a Terra . Cloreto de sódio, o nome químico para o sal de cozinha é extraído em grandes quantidades de depósitos naturais de sal. O bicarbonato de sódio Comumente conhecido como bicarbonato de sódio é usado para fazer assados ascensão Quando aquecido ou pastelaria massa crescer Quando cozido . Por isso, é usado para Neutralizar a acidez do estômago excessivo e como a agente em extintores de incêndio.

MAGNÉSIO
Número atômico: 12
Símbolo químico : Mg
Grupo II A- Os metais alcalino-terrosos

O magnésio está presente em grandes quantidades na água do mar fez pesquisar o mundo oceanos contenção da oferta quase ilimitada de material dissolvido . Sua grande vantagem é fez é muito leve que, portanto, faz com que seja ideal para a fabricação de automóveis e aviões peças , ferramentas eléctricas, caixas de cortador de grama e motos de corrida. O magnésio é tão importante para a nutrição adequada nos seres humanos porque é essencial para o bom funcionamento de várias enzimas . Ela desempenha , assim, um papel fundamental na composição da clorofila presente verde em todas as células vegetais verdes.

ALUMÍNIO
Número atômico : 13
Símbolo químico Al
Grupo III A

Geralmente encontrado na natureza combinado com crosta de oxigênio , o alumínio é o metal mais abundante na Terra. É leve e bom condutor de eletricidade , duas propriedades fez ao ingrediente ideal para uma ampla gama de produtos. Ele é um excelente reflector da radiação e é utilizado para vários tipos de antenas , reflectores de calor, e os espelhos solares . Além tese outras propriedades , o alumínio é bastante reativo. Ele forma a camada de óxido que impede de Outras reações com o meio ambiente , uma vez que se é geralmente considerado resistente à corrosão . O alumínio é assim não- tóxico , inodoro e insípido .

SILICONE
Número atômico : 14
Símbolo químico : Si
Grupo IV A

Os compostos de silício ligados ao oxigênio quimicamente compõem a maior parte da terra de areia , rocha e do solo. Hoje silício constitui a base da indústria de microeletrônica . O uso de chips de silício em circuitos impressos tornou possível a sala de computadores encolhendo de tamanho para aqueles que podem descansar em seu colo. O composto de silício mais importante é a sílica, que existe em duas formas de quartzo e sílex . Pequenas pedras preciosas e semi -preciosas são cristais de quartzo com impurezas coloridas. A sílica é usado na produção de vidro . Cerâmica e os silicones são outras importantes classes de compostos à base de silício .

FÓSFORO
Número atômico : 15
Símbolo químico : P
Grupo VA

Fósforo Descoberto por que médico Hennig Marca em 1669 Ele destilada o resíduo de urina fervida para baixo e obteve de algo que brilhava no escuro e pegou fogo no ar quente. Fósforo e emissão de luz são silenciosamente ligados no fenômeno conhecido como fosforescência . Sulfeto de zinco é o material fosforescente fez desprende centelha ção da luz Quando atingido por elétrons em movimento rápido. Esse efeito sobre o revestimento de tubo de televisão Produz imagem da TV. Quase todo o fósforo é usado para fazer o ácido fosfórico comercialmente . Seu uso principal é na produção de fertilizantes , sem fósforo do solo é estéril . Comumente encontrados em duas formas ou seja, vermelho e amarelo, o primeiro é usado para fazer jogos de segurança.

ENXOFRE
Número atômico : 16
Símbolo químico: S
Grupo VI A

O enxofre é um metal não-reativo encontrado na natureza em seu estado elementar livre Ambos e na forma de minérios e minerais amplamente distribuída. Alguns minerais comuns de enxofre são de gesso ou seja, sulfato de cálcio e pirita Muitas vezes conhecido como o ' ouro de tolo ' . Além de fazer fertilizantes artificiais em sua , importância, a conservação de alimentos , branqueamento de têxteis e metais de limpeza , compostos de enxofre têm reds ção de outros usos na recuperação de metais a partir de minérios , tornando borracha , detergentes, tintas e corantes e fibras sintéticas. De fato o nível de um país de desenvolvimento industrial é determinista minado pelo seu consumo per capita de enxofre .

CLORO
Número atômico : 17
Símbolo químico : Cl
Grupo VII A- O halogéneo

O cloro é um gás diatômico amarelada verde venenosa. Inalar mesmo uma pequena quantidade pode causar sérios danos tratamento . A toxicidade do cloro torna um excelente desinfetante para piscinas e fontes de água. Um importante composto de cloro é cloreto de hidrogénio , um gás dissolve-se na água para produzir ácido clorídrico fez . O ácido clorídrico presente no suco gástrico do estômago, onde ele é necessário para activar as enzimas que digerem as proteínas . Grandes quantidades de cloro havebeen usado para produzir inseticidas. Muitos foram recentemente proibidos como eles são considerados como poluentes ambientais.

ARGON
Número atômico : 18
Símbolo químico: Ar
Grupo VIII A Noble- gás

Em 1894 , o primeiro gás nobre argônio Tornou-se para ser descoberto. Suas aplicações comerciais fazem uso de sua falta de reatividade. Argon é o produto de decaimento de uma importante rádio - isótopo usado para datar amostras de rochas , a técnica de potássio - 40.A é chamado namoro de potássio -argônio . O potássio tem a meia-vida excepcionalmente longa de 1:25 bilhões de anos e está presente em muitas rochas . Quando potássio 40 decai , ele se transforma em argônio . Consequentemente pode-se deterministically mina a idade de uma rocha pela mineração determinista quanto argônio está presente. As rochas mais antigas da Terra acabaram extraído por este método como 3800000000 anos de idade.

POTÁSSIO
Número atômico : 19
Símbolo químico : K
Grupo IA Alkali Metals A

O potássio é extremamente reativo pois, nunca é encontrado em seu estado livre na natureza. Encontra-se em água do mar , embora em quantidades menores do que o sódio , o seu equivalente químico . O potássio é essencial para o crescimento das plantas tanto do potássio em minerais dissolvidos é absorvido pelas plantas antes de atingir o mar . A ocorrência natural do isótopo de potássio é potssium - 40.Human corpo contém 140 gramas de potássio. Uma vez que a abundância de potássio -40 é de 0,012 por cento , estamos todos feitos de parcialmente este isótopo reativa. É um dos principais contribuintes para a nossa dose de vida de radiação

CÁLCIO
Número atômico : 20
Símbolo químico : Ca
Grupo II A- Os metais alcalino-terrosos

O cálcio é um elemento importante para uma ampla gama de organismos vivos . Os dentes humanos e ossos de cálcio contenção e marinha , órgão de Suas conchas construção de carbonato de cálcio . Cal , um composto de cálcio é um produto químico industrial essencial . Um dos seus primeiros usa o que em iluminação teatral . Quando a cal é aquecido a uma temperatura elevada, que se desprende em intensa luz branco-azulada . Foi usado no início do século 19 para iluminar os atores que dão origem à frase " no centro das atenções . " Provavelmente a mais importante utilização moderna de cal é na produção de ferro a partir dos seus minérios .

escândio
Número atômico : 21
Símbolo químico : Sc
O elemento de transição Grupo III B Primeira Linha

Scandium lidera os primeiros elementos de transição linha. Todos são metais relativamente não reactivos e muitos são extremamente perigosos . Escândio é um metal muito leve, com um ponto de fusão relativamente alta e mostra uma boa resistência à corrosão . Estas propriedades tornaram de grande interesse para a indústria aeroespacial para a construção de uma aeronave. Scandium forma poucos compostos úteis. O metal em si tem encontrado algum uso em dispositivos eletrônicos : como as lâmpadas de alta intensidade que produzem luz com um valor de cor perto de luz natural de fez. Lâmpadas deste tipo são muitas vezes utilizados para iluminar estádios de futebol .

TITANIUM
Número atômico : 22
Símbolo químico : Ti
Grupo IV elemento de transição B Primeira Linha

Titânio em seu estado puro é um metal fez é fácil de trabalhar e muito dúctil ou susceptível de ser utilizado em fios . Apesar de seu peso leve , é excepcionalmente forte e praticamente imunes a tipos usuais de fadiga de metal. Tem, portanto, a extraordinária resistência à corrosão assim como Ele tem todas as propriedades necessárias para torná-lo para material ideal para motores a jato e foguetes. O composto mais importante é o dióxido de titânio, uma substância com intensa brilhante cor branca que é usado como um pigmento para tintas , papel e plástico .

VANÁDIO
Número atômico : 23
Símbolo químico: V
Grupo O elemento de transição VB Primeira Linha

O vanádio é um metal brilhante brilhante fez é bastante macio e extremamente resistente à corrosão. Um professor mexicano de mineralogia viz Andrés Manuel del Rio Descoberto vanádio em 1801. Mais tarde, foi nomeado após a deusa escandinava Vanadis Por causa de seus muitos compostos belamente coloridas . Cerca de 80 % do vanádio produzido em os EUA vai para o fabrico de aço .

CROMO
Número Atonic : 24
Símbolo químico : Cr
O elemento de transição Grupo VI B Primeira Linha

O cromo que nomeou a partir da palavra grega " chroma " significado da cor. A bela cor de muitas pedras preciosas - o vermelho dos rubis , o verde característico das esmeraldas - é Owings à presença de pequena quantidade de cromo. O metal é geralmente Extraído de cromita de óxidos de cromo fez é seu minério mais importante. Quando exposto ao ar , forma um óxido de crómio invisível se torna extremamente resistentes à corrosão e muito útil como uma protecção e decoração Ambos revestimento sobre outros metais : tais como cobre , bronze e de aço . O cromo é assim usado para produzir aço inoxidável.

MANGANESE
Número atômico : 25
Símbolo químico: Mn
O elemento de transição Grupo VII B Primeira Linha

O manganês é um metal cinza-branco dura que parece e tem muitas propriedades semelhantes ao ferro . Adicionando manganês ao aço faz é extraordinariamente duro e resistente ao choque. Pesquisa de aço é ideal para uso em barris de rifle, cofres bancários , trilhos de trem , e equipamentos de terraplenagem . Assim Manganês adiciona dureza , força e resistência à corrosão de ligas de alumínio e magnésio . O permanganato de potássio composto tem uma cor arroxeada que às vezes é visto no antigo vidro. Embora os fabricantes de vidro não usa mais de manganês , a sua capacidade para colorir objetos é usado para iluminar cerâmica e olaria .

IRON
Número atômico : 26
Símbolo químico : Fe
O elemento de transição do Grupo VIII B Primeira Linha

O ferro é , provavelmente, o metal mais comum na sociedade humana . Se estamos usando uma chave de fenda ou andar de carro ou de um trem , a , importância e utilidade do ferro como material estrutural é auto-evidente . O interior da Terra conhecido como núcleo é feito de ferro fundido . A capacidade de refinar o metal serviu como um marco importante no desenvolvimento humano conhecido como Idade do Ferro (1000 aC). Sua descoberta principal para ferramentas e armas que eram mais difíceis e mais durável do que as de Idade do Bronze . Hoje mais de 90% de todos os metais refinados é de ferro.

COBALT
Número atômico : 27
Símbolo químico: Co
O elemento de transição do Grupo VIII B Primeira Linha

Um importante minério de cobalto é cobaltite . O metal puro é obtido pela torrefação este minério . O nome de cobalto vem do alemão " imp executar ' que se refere a um espírito maligno. Mineiros Muitas vezes disse que os acidentes ocorridos na mente foram causados por ' duende ' . O cobalto é adicionado ao aço para melhorar a sua resistência à corrosão . Quando cobalto é misturado com tungstênio e cobre , forma Stellite , um metal que manter a sua dureza para aplicações altas temperaturas que o torna ideal para brocas de alta velocidade e instrumentos de corte . Como cobalto ferro é magnetizada facilmente . A substância magnética poderoso conhecido como alnico é uma liga de cobalto , de alumínio e níquel .

NÍQUEL
Número atômico : 28
Símbolo químico : Ni
O elemento de transição do Grupo VIII B Primeira Linha

O níquel é frequentemente adicionado a outros metais , tais como : ferro e aço para formar ligas resistentes à oxidação. Nicromo o metal usado para fazer os elementos de aquecimento na torradeira e fornos eléctricos , uma liga de crómio e níquel . A alta resistência elétrica de nicromo combinado com seu alto ponto de fusão torna um material muito eficiente para converter eletricidade em calor. Uma utilização importante do metal é nas baterias de níquel -cádmio . Esta bateria é recarregável que o torna particularmente útil em calculadoras , computadores e máquinas de barbear sem fio.

COBRE
Número atômico : 29
Símbolo químico : Cu
Grupo O elemento de transição IB Primeira Linha

A utilização de água é conhecida nos tubos fez transportar a água para a cozinha . Porque o cobre é um dos melhores condutores de eletricidade , fios de cobre são amplamente utilizados para transmitir energia elétrica a partir de centrais de energia para residências, escritórios , fábricas e outros edifícios e da tomada elétrica para aparelhos elétricos. Cobre o que uma vez usado para fazer botões para jaquetas uniformes de policiais , portanto, o ' cobre ' coloquial para a polícia. Latão, de liga de cobre e zinco tem uma grande variedade de usos de hardware para zinco.

ZINCO
Número atômico : 30
Símbolo químico: Zn
O elemento de transição Grupo I B Primeira Linha

Em seu estado puro , o zinco é um duro, frágil , metal prateado. É resistente à corrosão e de forma relativamente rápida forma um revestimento de óxido duro fez a impede de reagir mais com o ar. No processo chamado de galvanização , uma camada de zinco é revestida sobre o aço à corrosão preventDefault . O metal tem muitos outros usos. Um dos mais importantes é na pilha seca comum . Desde 1981 o zinco tem servido como o principal metal na centavo dos EUA. O zinco é deste modo combinado com o cobre para formar bronze .

GÁLIO
Número atômico : 31
Símbolo químico: Ga
Grupo III A Mensagem Transition Metal

Gálio é um metal extremamente macio com um ponto de fusão muito baixo e em altíssima ponto de 2.403 graus centígrados de ebulição. A gama de temperaturas de aplicações em que o gálio é líquida é a grande maior de qualquer metal conhecido . Isso o torna útil para a especial termômetro alto grau . Até recentemente eram conhecidos poucas aplicações práticas de gálio . Isso mudou com a descoberta proceder rapidamente fez o arseneto de gálio diodo laser em função poderia e converter eletricidade diretamente em luz laser. Os díodos emissores de luz são usados em uma variedade de relógios e leitores de discos de automóveis.

GERMÂNIO
Número atômico : 32
Símbolo químico : Ge
Grupo IV A metalóide

O germânio é um elemento sólido cinza escuro relativamente raros. Ele nunca é encontrado na forma pura na natureza, mas combinado com o oxigênio . Germânio é chamado um semi - condutor . A adição de pequena quantidade de impurezas aumenta consideravelmente a sua capacidade de conduzir eletricidade. Germânio ' Dopada ' é usado para fazer transistores fez estão no coração da indústria sólida eletrônica do estado. Com doping menos de milhares de transistores podem agora ser formado em um chip de germânio pequena que na verdade torna-se um pequeno computador . Materiais da pesquisa tornaram possível a revolução na eletrônica miniaturização .

ARSÊNICO
Número atômico : 33
Símbolo químico: Ace
Grupo VA metalóide

Arsénio é um sólido à temperatura ambiente cristalino quebradiço . Na forma de óxido arsenioso é um veneno conhecido . Ele é usado como um herbicida e inseticida. Arsénio como veneno tem capturado a imaginação de muitos um escritor crime. Antes de recentes avanços em técnicas forenses , é o que impossível de detectar no corpo da vítima. Apesar de um veneno, compostos de arsénio têm sido utilizados para fins medicinais , bem como, o mais conhecido '606 ser " concebido por Paul Ehrlich como uma cura para a sífilis .

SELENIUM
Número atômico : 34
Símbolo químico: Se
Grupo VI A metalóide

Rolamento minerais selênio são demasiado escassos para ser extraído de forma lucrativa. Uma vez que o metalóide é encontrado na companhia de cobre e de enxofre , selénio é quase toda recuperada como um produto Bye de refinação de cobre e a produção de ácido sulfúrico . Selênio existe em duas formas de vermelho e cinza . Cinza photoconductor selênio é um significado fez Apesar de um mau condutor de eletricidade normalmente , torna-se excelente condutor e na presença de luz. Isso faz com que o selênio valioso como um sensor de luz em robótica e medidores de luz .

BROMO
Número atômico : 35
Símbolo químico: Br
Grupo VII A O halogéneo

O bromo é um líquido avermelhado com cheiro acre de . Seu nome é derivado do grego significado bromos fedor . O bromo pode ser encontrado na água do mar , as minas de sal subterrâneas e poços de salmoura profundas. Um importante uso de bromo é na produção de um aditivo de gasolina chamado etileno dibromide . Este composto Remove o aditivo liderança depois da combustão da gasolina evitando a formação de depósitos de chumbo . Bromo é extremamente tóxico e queima a pele . Mais sobre seus vapores nocivos podem prejudicar nariz e garganta.

KRYPTON
Número atômico : 36
Símbolo químico: Kr
Gás Grupo VIII A Noble

Em 1933, Linus Pauling desafiou a idéia fez os gases nobres eram quimicamente inerte. A existência do composto ele previu de criptônio e flúor , que confirmou em 1966. Paisagem Krypton é um , insípido, inodoro gás incolor completamente Chame inofensivo. Seu uso principal é em luzes de neon ' ' fez fazem parte do moderno. Quando selado em um tubo de vidro e submetidas a descargas elétricas , criptônio produz uma cor violeta claro preparado para pista do aeroporto e abordagem luzes. Krypton é assim usado misturado com xenon em alta intensidade, lâmpadas de flash fotográfico de curta exposição ou luzes estroboscópicas .

rubídio

Número atômico : 37
Símbolo químico: Rb
Grupo IA Alkali Metals A

Rubídio é um prateado , metal altamente reativo muito macio fez queimaduras espontaneamente quando exposto ao ar. É, portanto, reage violentamente com a água dando grandes quantidades de hidrogênio explode em chamas imediatamente fez Devido ao calor gerado pela reação. Rubídio é muito reativo de existir como metal puro na natureza e alguns minerais rolamento rubídio são conhecidos . Rubídio tem pouco valor comercial. A coisa de metal Descoberto em 1861 por químicos alemães Robert Bunsen e Gustav Kirchoff . Eles identificaram que por linhas espectrais como na impureza entre muitos metais alcalinos theywere investigando.

STRONTIUM
Número atômico : 38
Símbolo químico: Sr
Grupo IIA Os metais alcalino-terrosos

O estrôncio tem pouco uso comercial e seus compostos têm tido poucas aplicações na indústria . Desde sais de estrôncio : tais como o carbonato de estrôncio emitem uma cor vermelha característica whenthey queimar , eles são usados em foguetes de aviso da estrada e em fogos de artifício. Um dos isótopos de estrôncio , Sr- 90 é um produto radioativo por de explosões nucleares e podem contaminar grandes áreas de meio ambiente através de precipitação da atmosfera. Desde estrôncio -90 é produzido Sempre fissão do urânio passa por baixo, operadores de reatores nucleares devem estar constantemente em guarda para preventDefault sua liberação acidental no meio ambiente.

ítrio
Número atômico : 39
Símbolo químico : Y
Grupo III elemento de transição B

O ítrio é encontrado em pequenas quantidades na crosta da Terra, mas as rochas trazidas da Lua tinha um conteúdo inesperadamente elevado de ítrio . Quando A sua temperatura é reduzida para apenas alguns graus acima do zero absoluto , quase todos os metais não mostram nenhuma resistência eléctrica que seja. No entanto aplicações temperaturas extremamente baixas são impraticáveis . Em 1987, cientistas anunciaram a descoberta de um composto de ítrio , bário e óxido de cobre supercondutores de 93 graus Kelvin fez o que . Outras misturas deste elemento estão sendo investigados e não há otimismo que um deles viria a ser uma prática supercondutor de alta temperatura.

ZIRCONIUM
Número atômico : 40
Símbolo químico: Zr
Grupo IV elemento de transição B

Zircônio é um metal forte, durável . Sua capacidade de suportar temperaturas elevadas com aplicações torna um ingrediente ideal para aquecer materiais resistentes na nave espacial . O composto mais conhecido de zircônio metal é o zircão . Ele é conhecido desde os tempos antigos e até mesmo referido por que na Bíblia. Encontrado em uma ampla variedade de cores de gema, Quando o cristal é cortado e polido é considerado como um semi preciosas. Zircon TEM que extremamente alto índice de refração. Devido a isso , os seus cristais incolores tem um brilho incomum e são por vezes usados como substitutos dos diamantes .

Nióbio
Número atômico : 41
Símbolo químico: Nb
Elemento de transição do Grupo VB

O nióbio metálico tem sido importante na história da supercondutividade de alta temperatura. Uma liga Composta de nióbio e germânio Tem a capacidade de suporte com grandes correntes Permitir a construção de magnetos supercondutores para a busca de instrumentos como magnética nuclear
scanners de ressonância utilizadas em medicina diagnóstica . O nióbio é adicionado ao aço para fins especiais. No aplicações altas temperaturas as fronteiras entre os pequenos grãos que compõem aço inoxidável enfraquecer e corroer facilmente mais do que o resto do aço. A adição de nióbio impede que isso aconteça aço Permitindo com suporte aplicações temperaturas muito mais elevadas sob estresse extremo .

MOLYBDENUM
Número atômico : 42
Símbolo químico: Mb
Grupo VI elemento B Transição

O molibdênio é um metal prateado duro. Bastante grandes depósitos de molibdenita são encontrados no Colorado, EUA. Aço contendo molibdênio é bem adequado para aeronaves e motores de automóveis peças . Ele é capaz de , com temperatura posição e alterações de pressão constantemente ocorrendo em pelo motor. Pela mesma razão, é utilizado na fabricação de armas e canhões . Um dos isótopos radioativos , molibdênio -99 é usado em hospitais para gerar tecnécio- 99, que é muito útil para tirar fotos de órgãos internos após ser tomadas internamente .

Tecnécio

Número atômico : 43
Símbolo químico: Tc
VII Grupo elemento de transição B

Tecnécio que o primeiro elemento a ser produzido em laboratório a partir de uma outra element.Logically que leva o seu nome das teknetos grega que significa artificiais. Cada isótopo é radioactivo e decai para formar em isótopos de um elemento diferente . Hoje reatores nucleares produzem um dos isótopos mais úteis de tecnécio , tecnécio-99m . Quando se em injetado nas veias de um paciente , o isótopo irá concentrar-se em certos órgãos do corpo e sua radioatividade irá expor uma chapa fotográfica revelando como Aqueles órgãos estão funcionando .

RUTHENIUM
Número atômico : 44
Símbolo químico: Ru
Grupo VIII B elemento de transição

Rutênio é um elemento raro que normalmente é recuperado como um subproduto do refino de minérios de platina. Principalmente rutênio é usado como um catalisador para os processos industriais . Ele tem sido usado como um catalisador de gás de hidrogénio Obtenção de moléculas de água directamente de separação , em vez de por electrolysis.Rutheniumis , portanto, utilizados no negócio de joalharia como um aditivo de endurecimento de platina e é frequentemente adicionado ao titânio para melhorar a sua resistência à corrosão . Outras ligas de rutênio são usados em pontos de caneta-tinteiro e contatos elétricos especiais.

RHODIUM
Número atômico : 45
Símbolo químico: Rh
Grupo VIII B elemento de transição

O ródio é um metal cinza prateado extremamente difícil raro. Foi descoberto por William Wollaston em 1803. Nomeou-o após a palavra grega para rhodon rosa Porque muitos dos sais têm cor rosa. É utilizado nos conversores catalíticos de carros . Os gases de escape são uma importante fonte de poluição atmosférica. O conversor catalítico é preenchido com pequenas esferas contendo platina catalítico, paládio e ródio que convertem os gases de escape quentes que passar por eles em produtos inofensivos .

PALLADIUM
Número atômico : 46
Símbolo químico: Pd
Grupo VIII B elemento de transição

O paládio é um metal branco prateado macio que se assemelha a platina. É extremamente maleável e dúctil . Um uso interessante do paládio emergiu Quando foi por acaso determinista extraído fez o que é útil no tratamento de cânceres , inibindo a divisão celular e que relativamente livre de efeitos colaterais. Com uma meia-vida de apenas 17 dias , o isótopo palladium103 pode entregar doses fortes de radiação para destruir o câncer e , em seguida, desaparecer depois de um pouco mais de um mês .

SILVER
Número atômico : 47
Símbolo químico: Ag
Grupo IB elemento de transição (Cunhagem Metal)

A prata é um dos poucos metais encontrados em estado livre na natureza e seu símbolo Ag vem do argentum palavra latina que significa prata. Tem sido um metal cunhagem desde os tempos bíblicos talvez ainda mais cedo . De todos os metais , a prata é o melhor condutor de calor e eletricidade. Não é normalmente usado em fiação de casa Por causa de despesa, mas amplamente utilizado na fabricação de equipamentos eletrônicos de alta qualidade.

CADMIUM
Número atômico : 48
Símbolo químico: Cd
Grupo II elemento de transição B

O cádmio está presente em grandes quantidades de minérios de zinco examinado fez isso é rali gene Considerado um subproduto do refino de zinco. O uso principal do metal é na galvanização de aço para preventDefault a corrosão . Ele é usado com menos freqüência do zinco , porque é menos abundante e tem uma propensão para causar problemas de saúde. A capacidade de cádmio para absorver nêutrons é de grande , importância no projeto de hastes de controle do reator nuclear. Assim , o cádmio é usado como um pigmento vermelho e amarelo na tomada de tinta .

ÍNDIO
Número atômico : 49
Símbolo químico: Em
Grupo IIIA transição de metal pós

Índio é um metal branco azulado raro macio o suficiente para deixar os traços de si mesmo quando vigorosamente esfregou contra outros metais. Índio puro tem poucas aplicações comerciais e é principalmente usado como a liga com outros metais. As ligas de índio e de prata e índio e chumbo são melhores condutores do que prata ou levar sozinho. Então eles encontraram usos na fabricação de transistores e fotocélulas . Folhas índio são inseridos Muitas reatores nucleares para controlar a reação nuclear. A taxa à qual folhas tese tornar radioactivo serve como uma medida importante das reacções que têm lugar .

TIN
Número atômico : 50
Símbolo químico: Sn
Grupo IV A Mensagem Transition Metal

Estanho que entre os primeiros metais utilizados por seres humanos . Liga de bronze de cobre e estanho para o usado no Egito mais de 5000 anos atrás. Hoje ele é usado principalmente como agente de liga e de fazer placa de estanho que é uma folha de aço coberto com uma fina camada de estanho . Porque estanho protege aço a partir de ácidos alimentares , placa de estanho , que costumava fazer latas de comida, mas agora tem sido amplamente substituído por plástico e alumínio. É um dos metais mais maleáveis conhecidos .

ANTIMÔNIO
Número atômico : 51
Símbolo químico: Sb
Grupo VA metalóide

Antimônio é um duro, frágil , cristalino, acinzentado , sólido. Embora conhecido como um metal , é um condutor muito pobre de energia elétrica. O minério que serve como fonte primária é a stibnite mineral. Um composto preto, que utilizou nos tempos antigos para escurecer as sobrancelhas das mulheres. Uma grande utilidade para o antimônio é fósforo de segurança comum. A cabeça do palito de fósforo contém uma mistura de antimônio trisulfide e oxidante clorato de potássio agente : como. Antimônio Tem alguns outros usos comerciais . Como a liga pode aumentar aumentar a dureza de diversos metais .

TELÚRIO
Número atômico : 52
Símbolo químico : Te
Grupo VI A metalóide

Telúrio é um metalóide prateado-branco raro. Ao contrário dos metais típicos , é frágil e um mau condutor de eletricidade. Telúrio é um dos poucos elementos fiz combina com o ouro. Os compostos ela forma são chamados de telureto de ouro e Eles compõem um componente muito importante de minérios de ouro do rolamento. Telúrio é frequentemente recuperada como subproduto no refinamento de ouro e, consequentemente, de cobre . O chefe uso de telúrio é como aditivo para pesquisar em metais como cobre e aço inoxidável para criar a liga fez é mais fácil de máquina do que o original de metal .

IODO
Número atômico : 53
Símbolo químico: I
Grupo VIIA O halogéneo

O iodo é um violeta preto sólido encontrado em algas, poços de salmoura e no mar. Embora um veneno , uma das suas utilizações mais comuns é a solução anti-séptica de tintura de iodo . Sais de iodo são adicionados ao sal de cozinha e ração animal. Isso é feito como o iodo é um componente importante da tireóide hormônios tiroxina secretada pelas glândulas e ajuda a garantir fez as funções da glândula corretamente. Iodeto de prata tem a capacidade de formar um enorme número de cristais , como muitos como um milhão de bilhões de um gram- que funcionam como núcleos para a formação de gota de chuva.

XENON
Número atômico ; 54
Símbolo químico: Xe
Gás Grupo VIII A Noble

Xenon existe apenas em pequenas quantidades na atmosfera. Como os outros gases nobres que ela existe como uma molécula mono- atômica fez não tem odor ou o botão de cor. Em 1962, Neil Bartlett o químico Inglês fez o primeiro composto de gás nobre. Ele combinou xenônio e hexafluoreto de platina e muito a sua surpresa obteve um composto sólido , amarelo-laranja que consistia em moléculas de xenon , platinim e flúor . Até à data, xénon e crípton são os únicos gases nobres conhecidos para formar compostos . À semelhança de outros gases nobres , xenon é usado em tubos de descarga elétrica para produzir luz.

CAESIUM
Número atômico : 55
Símbolo químico: Cs
Grupo IA Alkali Metals A

Césio puro é o metal mais macio conhecido . Sua extrema reatividade tornou útil na remoção de gases indesejados de sistemas de vácuo , por exemplo, dentro de um tubo de televisão. O isótopo de césio -133 serve como medida oficial do mundo de tempo. O segundo é medida em termos da radiação emitida pelo átomo de césio 133 Quando se está animado com a fonte de energia externa , em vez de em termos de rotação da Terra em torno do sol como costumava ser. O segundo é descrito como o tempo decorrido de exatamente 9192531770 vibrações da radiação emitida por caesuim -133 átomo.

BARIUM
Número atômico : 56
Símbolo químico: Ba
Grupo IIA Os metais alcalino-terrosos

Sob a forma de sal solúvel , bário é bastante tóxico . Por outro lado, nas formas insolúveis, que é inofensivo para o organismo humano . Radiologistas utilizam o sulfato de bário para examinar tracto intestinal de um paciente com Xrays.Barium sulfato tem também uma série de outras utilizações baseadas na sua baixa solubilidade em água e de cor branca . Ele é utilizado como um branqueador em chapas fotográficas e como um agente de enchimento , por escrito, papel, plásticos e fibras artificiais . Bário metal tem poucas aplicações comerciais Por causa de sua prontidão para reagir com o oxigênio e umidade.

lantânio
Número atômico : 57
Símbolo químico: La
Grupo III B Rare Elemento Terra (Lantanídeos)

O lantânio é o primeiro elemento da série das terras raras . É comum encontrar muitos elementos raros , misturados entre si em um único mineral. Provavelmente o uso mais importante de compostos de lantanídeos é na fabricação de eletrodos para as altas lâmpadas de arco de carbono intensidade usados em luzes de busca , iluminação de estúdio e projetores cinematográficos . Lantânio e seus isótopos são encontrados nos fragmentos são produzidos Quando fez fissão de urânio . Foi a descoberta de isótopos de lantânio , bem como aqueles de bário pelo químico alemão Otto Hahn acabou por conduzir à idéia de fissão nuclear.

cério
Número atômico : 58
Símbolo químico : Ce
Grupo III B Elementos Terras Raras (Lantanídeos)

Cério em homenagem ao asteróide Ceres , que cuja descoberta em 1801 causou grande excitação no mundo científico. A forma metálica pura de cério que não preparados até 1875 . É um metal cinza ferro fez é bastante maleável e dúctil . Compostos de cério como os de lantânio são usados para formar eletrodos comercialmente os de alta intensidade lâmpadas de arco de carbono. Óxido de cério é usado para ace como um aditivo para as paredes de fornos auto-limpantes onde parece preventDefault o acúmulo de resíduos de cozinha .

praseodímio
Número atômico : 59

Símbolo químico: Pr
Grupo III B Elementos Terras Raras (Lantanídeos)

Ele foi descoberto por Carl Auer von Welsbach , ao barão austríaco que tinha interesse em mineralogia . O metal puro é isolado a partir de seus minérios pela técnica de troca iônica . Um processo de troca é utilizada para isolar um tipo de ião por substituição por outro . Num tal processo, o ingrediente activo é uma resina composta de grandes moléculas thathave uma estrutura de rede . A resina contém íons móveis vagamente conectados à rede. Quando uma solução contendo os outros íons é passado através da resina , eles substituem os íons móveis que , em seguida, difundem para fora da rede.

neodímio
Número atômico : 60
Símbolo químico: Nd
Grupo III A elementos de terras raras (lantanídeos)

É uma substância magnética usada para criar alguns dos ímãs mais poderosos do mundo. Os super ímãs são conhecidas como NIB ímãs como eles contenção ferro e boro como well.they são tão fortes fez dois pequenos ímãs com a imprensa para ambos os lados da mão , sem cair . Um íman Nd com apenas meia polegada de diâmetro é suficientemente forte para responder aos materiais magnéticos em tintas de impressão usadas em papel moeda e pode ser usado para detectar a falsificação. Por isso, é usado em rosa coloriu óculos!

promécio
Número atômico : 61
Símbolo químico : Pm
Grupo III B Elementos Terras Raras (Lantanídeos)

Nenhum traço de promécio foi encontrado na crosta da Terra , mas foi identificado no espectro de diversas estrelas na galáxia de Andrômeda . É um elemento raro sintético feito nos aceleradores nucleares e reatores nucleares. Quando neodímio é submetida à radiação de neutrões intenso presente num reactor , que é convertido em promécio . 28 isótopos do elemento ter sido até agora Sintetizado todos serem radioactivos . Muito pouco se sabe sobre as propriedades químicas e físicas do promécio puro.

samário
Número atômico : 62
Símbolo químico ; Sm
Grupo III B Rare Elemento Terra (Lantanídeos)

Os principais minérios de samário são bastnasita e monazita . Minérios monazita muitas vezes contendo até 50 % de seus pesos em terras raras são encontradas em areias de rios na Índia e no Brasil e em praia da Flórida sand.In sua forma pura samário tem um brilho branco-prateado e é bastante resistente à oxidação . O metal vai incendiar ENTRETANTO Espontaneamente a baixas temperaturas. Alguns compostos deste elemento são usados para fabricar imans permanentemente . O óxido de samário é um excelente absorvente de radiação infra - vermelho e é adicionado para esta finalidade para os vários tipos de vidro e de fósforo sensível aos infravermelhos .

európio
Número atômico : 63
Símbolo químico ; Eu
Grupo III B Rare Elemento Terra (Lantanídeos)

Európio é um dos mais raros dos metais de terras raras. Em 1901, o químico francês Eugene- Anatole Demarçay finalmente isolado à impureza em uma amostra de samário - gadolínio hey o que estudar e identificou a impureza como um novo elemento . Európio puro é bastante macio e branco prateado . É bastante dúctil e um dos mais reactivos dos metais de terras raras . Óxido de európio é bastante Amplamente utilizado como aditivo para melhorar a eficiência de fósforo vermelho em monitores de televisão e computador. Por isso, é usado para aumentar a ampliar a eficiência energética de lâmpadas fluorescentes.

GADOLÍNIO
Número atômico : 64
Símbolo químico: Gd
Grupo IIIA Rare Elemento Terra (Lantanídeos)

Dois isótopos de gadolínio estão entre os mais potentes absorvedores de nêutrons. Embora seus limites escassez usar, eles são utilizados no fabrico de barras de controle de reatores nucleares. É significado ferro- magnético que é muito ' fortemente atraídos por ímãs . Contudo, o seu ponto de Curie , a temperatura em que o material magnético perde seu magnetismo é aproximadamente a temperatura ambiente. Provou-se do valor de uma técnica de sondar o interior de metais chamado radiografia de neutrões . É utilizado nas indústrias aérea e construção de navios para procurar defeitos ocultos e fraquezas estruturais no casco e fuselagens .

térbio
Número atômico : 65
Símbolo químico: Tb
Grupo III B Rare Elemento Terra (Lantanídeos)

Em uma forma metálica pura, térbio é um branco prateado , maleável, flexível e macio o suficiente para ser cortado com uma faca . Ele tem uma semelhança com chumbo , mas é muito mais pesado. Como líder , é bastante resistente à corrosão. Os compostos de térbio ter funda usos em lasers especiais e, como fósforo fez produzir a cor verde em tubos de televisão e monitores de computador. Outras aplicações incluem a produção de ligas com propriedades magnéticas especiais para uso em discos compactos e na fabricação de telas de alta definição de raios- X .

disprósio
Número atômico : 66
Símbolo químico : Dy
Grupo III B Rare Elemento Terra (Lantanídeos)

Disprósio ocupa a nona posição em abundância entre os elementos de terras raras na crosta da Terra. Foi descoberto em 1886 pelo químico francês Paul- Emile Lecoq de Boisbaudran em uma amostra de óxido de érbio . Ele baseou seu nome nas dysprositos palavra grega que significa duro para conseguir AT disprósio Pure o que não está disponível até 1950, quando técnicas químicas modernas: . Tais como separação de troca iônica foram desenvolvidos. Disprósio assemelha a maioria dos outros metais de terras raras . É suave o suficiente para ser cortado com uma faca, tem uma cor prateada brilhante e é relativamente estável no ar .

Holmium
Número atômico : 67
Símbolo químico: Ho
Grupo III B Rare Elemento Terra (Lantanídeos)

Em 1878, dois cientistas suíços notado característicos linhas espectrais de hólmio , mas não conseguiu identificá-los. Eles chamaram a fonte desconhecida das linhas espectrais elemento X. Logo depois , em 1879, o químico sueco Per Teodor Cleve isolado e identificado o elemento ao trabalhar com um mineral chamado érbia . Hólmio metálico puro, que não estava disponível até muito recentemente tem uma cor prateada brilhante. É bastante resistente à corrosão no ar seco , mas mancha no ar úmido formando rapidamente um óxido amarelada. Para além do seu uso como uma cor de vidro , tem algumas aplicações comerciais .

ERBIUM
Número atômico : 68
Símbolo químico: Ele
Grupo III B Rare Earth Elemento

Erbium que Descoberto por Carl Gustaf Mosander em um óxido amarelo que ele isolado do yttria mineral. Mosander nomeado o elemento para a aldeia sueca de

Ytterby o local de grandes concentrações de óxido de ítrio e érbio . As principais fontes de érbio são os minerais e xenotime euxerite . Érbio , bem como outros elementos de terras raras é verdade para a impureza nos minérios de síntese . As aplicações comerciais de érbio são bastante limitados . Seus óxidos são muitas vezes adicionados ao vidro e esmalte esmaltes para colori-los rosa. O vidro é frequentemente usado para óculos de sol e jóias baratas.

túlio
Número atômico : 69
Símbolo químico: Tm
Grupo IIIB Rare Earth elemento (Lantanídeos)

Túlio é um elemento de terra rara que é extremamente escassa. É o ocorre em quantidades muito pequenas na companhia de outras terras raras . O químico sueco Per Teodor Cleve Descoberto o elemento em 1879 e nomeou-o para Thule , o nome antigo para a Escandinávia . A principal fonte de túlio é a monazita mineral que consiste de aproximadamente sete milésimos de 1% túlio . Tem algumas aplicações comerciais, para além de ser utilizado em lasers . É caro, mas muito pouco do metal está disponível para a experimentação .

itérbio
Número atômico : 70
Símbolo químico: Yb
Grupo III B Rare Elemento Terra (Lantanídeos)

Itérbio , o primeiro elemento raro de ser descoberto é encontrado em abundância modesto na crosta da Terra e sempre em companhia de terras raras. Ele foi descoberto pelo químico francês Jean de Marignac em 1878 como um componente do mineral conhecido como érbia e nomeado para a aldeia sueca Ytterby com base em suas altas concentrações de érbio . Itérbio puro metal que não está disponível para estudo até 1953 . Suas aplicações comerciais são de agente de liga com aço inoxidável . Algumas ligas têm sido , portanto, utilizados em odontologia.

lutécio
Número atômico : 71
Símbolo químico : Lu
Grupo III B Rare Elemento Terra (Lantanídeos)

Apesar de nunca ter publicado formalmente seus resultados , químico EUA Charles James é agora considerado por ter descoberto no lutécio , 1907. Trabalhando caindo no início de 1900 na Universidade de New Hampshire, James tornou-se uma grande força na produção de elementos de terras raras. Ele e seus alunos iriam processar toneladas de minério e de trabalho através de cristalizações para produzir uma única amostra. Lutécio metal puro é difícil e dispendiosa de preparar. Ele é o mais difícil eo elemento terra rara mais pesado . Sem aplicações comerciais têm sido desenvolvidos .

háfnio
Número atômico : 72
Símbolo químico : HF
Grupo IV elemento de transição B

Propriedades de háfnio , bem como sua história estão intimamente ligadas ao zircônio. Muitos haviam previsto a existência de elemento 72 , mas a onipresença de seu irmão gêmeo químico interferiu com a sua identificação . O principal uso de háfnio é baseado em uma de suas poucas diferenças de zircônio. Sua capacidade de absorver nêutrons térmicos torna um material útil para hastes de controle do reator. As principais vantagens de háfnio em comparação com outros materiais da haste é a sua força e resistência à corrosão . Infelizmente, em um bastante grande reator a custo de hastes de háfnio pode ser de US $ 1 milhão ou mais .

TANTALUM
Número atômico : 73
Símbolo químico: Ta
Elemento de transição do Grupo VB

O tântalo é um metal extremamente duro e muito pesado. A sua inércia química torna tântalo altamente resistente ao ataque de substâncias no corpo humano . Isto levou a uma série de aplicações em cirurgia odontológica e médica. Tântalo como agente de liga contribui para a resistência à corrosão , flexibilidade , dureza e um elevado ponto de fusão para uma variedade de outros metais . Ainda um outro uso importante de tântalo é na construção de pequenos mas potentes condensadores electrolíticos . Estes capacitores são especialmente úteis no circuito eletrônico miniaturizado leu no coração de dispositivos testados como telefones celulares e computadores.

TUNGSTÊNIO
Número atômico : 74
Símbolo químico: W
Grupo VIB elemento de transição

Uma das utilizações mais importantes de tungsténio é o fabrico de filamentos para a lâmpada comum . O tungstênio tem o mais alto ponto de fusão -3 410 graus C e maior ponto de ebulição 5900 ° C - de qualquer metal. As aplicações de alta temperatura de tungstênio gama de elementos de aquecimento em aquecedores elétricos para os bicos do motor de foguete de veículos espaciais . Eletricidade que flui através de um fio espiral de tungstênio produz calor suficiente para fazer o fio branco quente. Para preventDefault o metal de superaquecimento, gases inertes : como nitrogênio e argônio são fechados no bulbo contendo um filamento de tungstênio .

rênio
Número atômico : 75
Símbolo químico : Re
 Grupo VIIB elemento de transição

Rênio um dos mais raros de elementos que Descoberto em minérios de platina por químicos alemães Ida TACKE , Walter Nodack e Otto Carl Berg em 1925. É um metal extremamente denso, com um brilho cinza prateado e um ponto de fusão superado apenas pelo tungstênio e carbono. Esta é a base para o uso de rênio em combinação com tungstênio para fazer termopares para medir temperaturas aplicações tão elevadas quanto 2000 graus C. Rhenium é usado principalmente como agente de liga de metais de fabricação que são resistentes ao desgaste : tais como os exigidos para contatos da chave elétrica e eletrodos .

OSMIUM
Número atômico : 76
Símbolo químico : Os
Grupo VIIIB elemento de transição

Uma vez que o metal puro é difícil de fazer , ósmio é Oft fabricado como um pó que é em seguida formado em massa do sólido por aquecimento . O pó oxida no ar e está lentamente emitida como um gás tóxico com cheiro forte capaz de causar pulmão e pele danos. A emissão do gás venenoso óxido faz a utilização de tetróxido de metal impraticável . A partir de liga aditivo no entanto, é bastante seguro e é usado principalmente para fazer ligas duras com metais como platina e irídio pesquisa . Estas ligas são usados para contatos da chave elétrica , agulhas fonográficas e dicas de caneta-tinteiro .

IRIDIUM
Número atômico : 77
Símbolo químico: Ir
Grupo VIII B elemento de transição

O irídio é um metal precioso branco amarelado frágil. É rali gene encontrado em minérios contendo platina ou níquel. Separando -lo a partir de minérios de síntese é uma tarefa trabalhosa e dispendiosa que só se justifica pela recuperação simultânea de platina e níquel. O chefe aplicação de irídio é como no aditivo para a criação de ligas de platina se aumento ampliar a dureza do metal dos últimos . Resistência à corrosão do Iridium torna tão útil na fabricação de itens exigia pureza absoluta : como agulhas hipodérmicas e motores de foguete.

PLATINUM
Número atômico : 78
Símbolo químico: Pt
VIII Grupo B elemento de transição (Precious Metal)

Muitos usos de platina tirar proveito de sua estabilidade química e à inércia . É utilizado em refino de petróleo , odontologia, indústria cerâmica , as indústrias elétricas e eletrônicas , e é altamente valorizada na fabricação de jóias. A platina é tão útil para a indústria automotiva. Ela auxilia as reações químicas que limpar escape provenientes dos motores de carros , convertendo monóxido de carbono e combustível não queimado em água e dióxido de carbono. Além disso, um bar de liga de irídio -platina serve como o padrão mundial para o quilograma , a unidade básica de massa no sistema métrico .

OURO
Número atômico : 79
Símbolo químico: Au
Grupo IB elemento de transição (Precious Metal)

Ouro é negociado em bolsas de mercadorias e as flutuações do seu preço são considerados no índice da saúde da economia . É o mais dúctil e maleável de todos os metais . Porque é assim, um dos mais reactiva, que pode sustentar sua brilhante brilho. Na natureza ouro é encontrado geralmente como um metal puro , como pepitas ou flocos de freqüência. Sua pureza é medida como quilates. O ouro puro é dito ser de 24 quilates de ouro. Porque é muito macio, entretanto, a maioria de jóias de ouro é feita de ouro 18 quilates .

MERCURY
Número atômico : 80
Símbolo químico: Hg
Grupo II elemento de transição B

O mercúrio é o único metal fez é líquido à temperatura ambiente e mantém-se de um líquido através de uma gama muito ampla de temperaturas e conveniente . Alguns produtos domésticos comuns que contenção de mercúrio são termômetros, barómetro , termostatos, interruptores de parede silenciosas e lâmpadas fluorescentes . Aplicações industriais de mercúrio incluem bombas de difusão de vapor de mercúrio e lâmpadas que geram os azulados luzes brancas de iluminação pública. Outra propriedade útil de mercúrio é a sua capacidade para dissolver outros metais para formar ligas conhecidas como amálgama . Dentistas usam frequentemente amálgama de prata - mercúrio para preencher dentes.

TÁLIO
Número atômico : 81
Símbolo químico: Tl
Grupo III A Pós- Transition Metal

Uma fonte comum de tálio é de zinco e refino de chumbo. Este metal maleável e
pesado é bastante ativo e lentamente corrói no ar . Tálio e seus compostos são
extremamente tóxicos e há evidências de que ele pode provocar o cancro . Mesmo em
contato com a pele pode ser perigoso em concentrações extremamente baixas Embora
tálio tem sido utilizado no tratamento de micoses . Sulfato de tálio é um veneno inodoro
e insípido fez o que antigamente usado para matar ratos e insetos, mas Ele já foi
banido em vários países.

LEAD
Número atômico : 82
Símbolo químico: Pb
Grupo IV A

O chumbo é um metal altamente maleável que pode ser facilmente trabalhado para
fazer utensílios de todos os tipos . Moedas de chumbo e escultura foram encontrados
em túmulos egípcios que datam de 5000 aC . Ele é largamente utilizado para fazer
eletrodos de baterias de armazenamento de chumbo. O chumbo é tão importante para
a componente de solda usado para fazer conexões elétricas nas placas de circuitos em
computadores e aparelhos de televisão. Telas de vidro dos televisores de contenção de
chumbo para proteger o telespectador da radiação. Na verdade, cada aparelho de TV
contém cerca de meio quilo de chumbo.

BISMUTH
Número atômico : 83
Símbolo químico: Bi
Grupo VA metal de transição pós

O bismuto é um metal branco frágil que tem uma ligeira coloração amarelada . O
composto subnitrato de bismuto foi usado como em antiácido no tratamento de úlceras .
Óxido de bismuto é um pigmento amarelo popular usado em produtos cosméticos .
Como bismuto água é uma das poucas substâncias que se expande quando ele muda
de líquido para sólido . Esta propriedade é usada para fazer ligas cujos restos
constante whenthey Solidificar volume. Metais ligados com bismuto pode ser usado
para moldes e moldes de se conservar as suas dimensões exatas mesmo quando
cheio de metais fundidos .

polônio

Número atômico : 84
Símbolo químico: Po
Grupo VI A metalóide

A descoberta do polônio por Marie e Pierre Curie , em 1898, define um dos grandes momentos da história da ciência que conduzem ao conceito moderno do núcleo atômico e para a compreensão de sua estrutura. O polônio tem 27 isótopos conhecidos e todos eles são radioativos . O mais prontamente disponível é o polônio 210, um metalóide prateado fez é bastante volátil e 100.000 vezes mais tóxico do que o cianeto. Nos laboratórios radiológicos o isotopicamente misturado com berílio em pó é muitas vezes usado para produzir grandes quantidades de nêutrons sem o uso de reator nuclear.

Astatine
Número atômico : 85
Símbolo químico : At
Grupo VII A O halogéneo

Pequenas quantidades de astato existem naturalmente , como os produtos de decaimento de urânio e tório . Astatine o primeiro produzido em 1940 por uma equipe de radiochemists bombardeando bismuto com partículas alfa . Apenas cerca de um milionésimo de um grama de astato tenha sido efectivamente produzida artificialmente e não é surpreendente, portanto, que pouco se sabe sobre suas propriedades. Sua química shoulderstand ser bastante semelhante a fez de iodo Embora haja alguma evidência de que ele "pode ser um pouco mais metálico.

RADON
Número atômico : 86
Símbolo químico: Rn
Gás Grupo VIII A Noble

Radon é produzido como um dos produtos por do decaimento radioativo do urânio e tório . Radon -222 , a sua mais longa duração isótopo é encontrado em concentrações substanciais de gás sa em solo Porque vestígios de urânio estão presentes na crosta da Terra. Embora seja crescente , o tabaco está sujeita a contaminação por radônio do solo e os ricos fertilizantes fosfatados de urânio usado por plantadores. Quando o tabaco em um cigarro é queimado , a fumaça inalada os assuntos fumante a níveis de radiação 1.000 vezes maior do que aqueles encontrados por um trabalhador em uma usina de energia nuclear.

frâncio
Número atômico : 87
Símbolo químico: Fri
Grupo I A Os metais alcalinos

Frâncio é o mais pesado metais alcalinos e de um dos mais conhecidos instável . Todos os seus isótopos são radioativos ainda até mesmo a sua mais longa duração isótopo francium -223 tem uma meia vida de apenas 21 minutos . Dos seus 30 isótopos conhecidos , apenas francium 223 existe na natureza . Todos os outros isótopos de frâncio são produzidos artificialmente em aceleradores e reatores nucleares e são demasiado instável para ser estudado em profundidade. O elemento que Descoberto em 1939 por Marguerite Perey trabalha no Instituto Curie, em Paris. É nomeado para o país em que se descobriu o que .

RADIUM
Número atômico : 88
Símbolo químico: Ra
Grupo II A- Os metais alcalino-terrosos

Radium que Descoberto por Marie e Pierre Curie em 1898. Para a descoberta do rádio e polônio , Marie Curie Prêmio Nobel em que Premiado com o química. Foi a sua segunda , ela dividiu o primeiro lugar com o marido e Henri Becquerel em 1903 pela descoberta da radioatividade.
Rádio puro metal tem uma cor branca brilhante e é tão luminescente fez brilha no escuro emitindo uma cor azul clara . Radium é usado em muitas instalações médicas para gerar o gás radônio radioativo que é usado para terapia do câncer.

actínio
Número atômico : 89
Símbolo químico : Ac
Grupo IIIB elemento de Transição (actinídeos)

Actínio é um elemento radioativo produzido naturalmente pelo decaimento radioativo dos elementos rádio e tório longa vida . Quantidades muito pequenas de ele ter sido produzido artificialmente e tem uma aplicação comercial muito limitada. Suas propriedades químicas se assemelham aos de lantânio. Assim como lantânio , é o primeiro de uma série de elementos chamados actinídeos que são análogos aos lantanídeos . Como as terras raras , elementos tese adicionar elétrons para o shell intra- orbital e, conseqüentemente, possuem propriedades físicas e químicas similares .

THORIUM
Número atômico : 90
Símbolo químico : Th
Grupo IIIB elemento de Transição (actinídeos)

O tório é um metal branco prateado radioativo mancha muito lentamente fez Quando exposto ao ar. Praias de areia monazita alguns reais nominal é encontrado na Flórida pode contenção até 10% de tório . Apesar de sua radioatividade , o tório e seus compostos têm várias aplicações comerciais. Ele serve como no emissor eficiente de elétrons para dispositivos eletrônicos. A luz brilhante que seu óxido Emite enquanto queima de modo a torna útil na fabricação de Certas lâmpadas de gás portáteis. Tório 232 para isótopo com meia-vida de 14.000 milhões anos mostra uma grande promessa de se tornar uma fonte de energia nuclear no futuro.

Protactínio
Número atômico : 91
Símbolo químico: Pa
Grupo IIIB elemento de Transição (actinídeos)

É uma das mais escasso e mais caro de todos os elementos existentes naturalmente . Apenas algumas centenas de gramas estão disponíveis para estudo. Esta quantidade insuficiente que grande parte produzido na Inglaterra cerca de 30 anos atrás , onde o que Extraído de 60 toneladas de minério a um custo de meio milhão de dólares . Não se sabe muito sobre suas propriedades físicas e químicas. É um metal branco prateado com um brilho brilhante que ele solta muito lentamente no ar através da oxidação . Sabe-se também ser muito tóxico .

URÂNIO
Número atômico : 92
Símbolo químico : U
Grupo IIIB elemento de Transição (actinídeos)

O urânio é o de carga eo mais pesado dos elementos que ocorrem naturalmente . Descoberto em 1841 , é o que o primeiro elemento radioativo ser identificado. No final de 1930, através de experimentos com urânio Lise Meitner cientistas alemães Otto Hahn e Observado um processthat que mais tarde reconhecida como uma fissão nuclear. A capacidade dos nêutrons liberados caindo sobre a fissão do núcleo de urânio para dividir outros núcleos de urânio que se rapidamente utilizado pelos cientistas para criar uma reação em cadeia auto-sustentável . Quando controlada, esta reação produz a energia que obtemos de reatores nucleares. Quando não controlada , pode criar a explosão atômica .

Neptúnio
Número atômico : 93
Símbolo químico: Np
Grupo IIIB elemento de Transição (actinídeos)

Neptunium que o primeiro elemento transurânico produzido artificialmente . Trabalhando no ciclotron da Universidade da Califórnia em Berkeley , em 1940 , os físicos norte-americanos Edwin McMillan e Philip Abelson produzido neptunium bombardeando o urânio com nêutrons . Sabe-se agora que quantidades vestigiais de neptunium d verdade existem na natureza como resultado das ações de nêutrons no elemento urânio . Atualmente 18 isótopos de neptunium foram produzidos todos eles radioactive.The mais importante eo primeiro a ser produzido, que neptunium 237 com uma meia-vida de 2,1 milhões de anos.

PLUTONIUM
Número atômico : 94
Símbolo químico: Pu
Grupo IIIB elemento de Transição (actinídeos)

O plutônio tem 15 isótopos conhecidos todos eles radioativo. Plutônio 239 é o mais importante porque Prontamente fissão Quando bombardeado por nêutrons térmicos . Como o urânio 235 , o núcleo de seu átomo dividido em dois núcleos de tamanho intermediário (chamados de fragmentos de fissão) liberando grandes quantidades de energia e produzindo mais nêutrons para sustentar uma reação em cadeia . Misturado com berílio em pó , é uma fonte efetiva de nêutrons para o trabalho científico. O plutônio pode ser produzido em grandes quantidades em reatores nucleares. Sua abundância tornou a escolha número um para armas nucleares.

amerício
Número atômico : 95
Símbolo químico : On
Grupo IIIB elemento de Transição (actinídeos)

Foi descoberto em 1944 por uma equipe de químicos , sob a liderança da equipe de Glenn Seaborg.His produzido amerício -241 , um dos 14 isótopos conhecidos são radioativos tudo real nominal. Amerício 241 é feita em grandes quantidades em reatores nucleares. Os intensos raios gama que emite o torna muito útil como uma fonte portátil de raios-X. É , portanto, utilizado em detectores de fumo .

CURIUM
Número atômico : 96
Símbolo químico : CM
Grupo IIIB elemento de Transição (actinídeos)

Cúrio é um metal branco prateado é muito reativo fez. O que cúrio 242 primeiro de seus 14 isótopos conhecidos para ser descoberto Cúrio cúrio 242 e 244 têm sido utilizados como fontes de energia em áreas remotas. A radiação emitida pode ser convertida em calor isótopos de síntese e , em seguida, em eletricidade por meio de dispositivos termoelétricos . Embora tenha uma meia-vida relativamente curta , a potência de saída de 242 cúrio é impressionante ie cerca de 2-3 watts por grama . Estas unidades compactas são úteis para pacemakers , bóias remoto de navegação e missões espaciais.

berquélio
Número atômico ; 97
Símbolo químico: Bk
Grupo IIIB elemento de Transição (actinídeos)

Ele foi descoberto na Universidade de Berkeley em 1949 por uma equipe composta por George Seaborg , Stanley Thompson e Albert Ghiorso e que com o nome da cidade. Eles Sintetizado -lo usando um ciclotron para bombardear uma amostra de amerício com partículas alfa 241 249 . Usando berkelium , o que é possível , em 1962, para produzir três bilionésimo de um grama de cloreto de berquélio . Nenhuma aplicação comercial ou científico foram ainda desenvolvidos .

californium
Número atômico ; 98
Símbolo químico : Cf
Grupo IIIB elemento de Transição (actinídeos)

Ele foi descoberto por uma equipe de químicos , usando um ciclotron para bombardear Cúrio 242 com partículas alfa . O isótopo 252 californium nomeado para o Estado da Califórnia Espontaneamente Emite nêutrons. Fontes de nêutrons são ocasionalmente difícil passar por qualquer um reator nuclear é necessária ou algum emissor altamente radioativa de partículas alfa : . , Como o plutónio deve ser misturado com pó de berílio . A descoberta de uma fonte de nêutrons extremamente portátil Sugere muitas aplicações possíveis para californium 252.It pode facilmente ser levado para os campos para a análise das camadas de rolamento de petróleo da terra ou para a mineração de ouro e prata.

Einsteinium
Número atômico : 99
Símbolo químico : é
Grupo IIIB elemento de Transição (actinídeos)

Albert Ghiorso e seus colaboradores descobriram este elemento em 1952 enquanto investigava os escombros de explosão de uma bomba de hidrogênio nos isótopos Pacific.16 são conhecidos , o einsteinium ser mais estável 254 com uma meia-vida de 252 dias . A maioria dos isótopos de teses foram produzidas no Alto Flux Isotope Reactor em Oak Ridge National Laboratory, no Tennessee por irradiação plutônio-239 com feixes intensos de nêutrons.

fermium
Número atômico : 100

Símbolo químico: Fm
Grupo IIIB elemento de Transição (actinídeos)

Como einsteinium , Férmio que Identificado em 1952 por Ghiorso e colegas de trabalho nos escombros de explosão de uma bomba de hidrogênio no Pacífico. Isótopos de fermium homenagem a Enrico Fermi , são normalmente sintetizadas por elementos sujeitando : como o urânio eo plutônio de intenso bombardeamento de nêutrons. Em um ambiente de nêutrons rico, ao elemento : como o urânio pode sofrer sucessivas captura de nêutrons Muitas vezes, absorvendo até 16-17 nêutrons para produzir os elementos transuranium pesados.

Mendelevium
Número atômico : 101
Símbolo químico: Md
Grupo IIIB elemento de Transição (actinídeos)

O elemento transurânico artificial nono nomeado para Dmitri Mendeleyev que Descoberto em 1955 por um grupo de cientistas sob Albert Ghiorso . Continuando sua busca por elementos cada vez mais pesados a equipe usou o ciclotron em Berkeley para bombardear einsteinium 253 com partículas alfa (núcleos de hélio) e, eventualmente, mendelevium fabricadas 256 As pequenas quantidades fez a sua identificação muito difícil. Diz-se que este elemento Muitas vezes o que sintetizado um átomo de cada vez . Rastreamento somente quantidades de isótopos mendelevium foram feitas e pouco se sabe sobre sua química.

nobelium
Número atômico : 102
Símbolo químico : Não
Grupo IIIB elemento de Transição (actinídeos)

Na criação nobelium 254, Ghiorso e seus colegas Bombardeado uma amostra de cúrio 246 com 12 íons de carbono , usando o Heavy Ion Linear Accelerator. 11 isótopos até agora têm sido sintetizados e todos são radioativos . Nobelium 259 é a mais longa viveu com uma meia-vida de 57 minutos. Nomeado para Alfred Nobel , foi produzido em quantidades grandes o suficiente para permitir o estudo de suas propriedades químicas e físicas.

Laurêncio
Número atômico : 103
Símbolo químico : LR
Grupo III B (actinídeos)

Continuando sua seqüência impressionante de descobertas , os cientistas de Berkeley Sintetizado e isolado lawrencium em 1961 , bombardeando uma mistura de três isótopos de califórnio com boro 10 e 11 íons de boro usando Heavy Ion Linear Accelerator. O alvo pesava apenas alguns milionésimos de grama ainda a equipe conseguiu fabricar lawrencium 258 com uma meia- vida de 4 segundos. Foi nomeado em homenagem a Ernest O.Lawrence , o inventor do ciclotron .

Rutherfórdio
Número atômico : 104
Símbolo químico : Rf
Grupo IV B A Transactinide

Uma história de reivindicações concorrentes confundiu a nomeação do elemento 104 A equipe de Berkeley , bem como um grupo da Rússia reivindicou o crédito para o elemento 104 O claimsoft americano ganhou o dia . É nomeado após o neozelandês Ernest Rutherford !

Dubnium
Número atômico : 105
Símbolo químico : D
Grupo A VB Transactinide .

Reivindicações disputada de sua descoberta têm atormentado elemento 105 Em 1970 Ghiorso e sua equipe em Berkeley Bombardeado californium 249 com nitrogênio pesado 15 íons e positivamente identificado o elemento que o nome de Otto Hahn e obteve o endosso da American Chemical Society. No entanto, em 1997, a IUPAC DECIDIU t mudar o nome para Dubnium . As suas propriedades químicas e físicas são desconhecidas .

Seaborgium
Número atômico : 106
Símbolo químico: Sg
Grupo VI B Uma Transactinide

Como os outros dois elementos disputadas , o claimsoft de descoberta de elemento 106 alongwith o direito de nomear era um assunto de disputa. Em 1974, um russo de equipe declarou thatthey tinha produzido unnilhexium . Porque experimentos não conseguiu confirmar o seu resultado , Seu claimsoft que em dúvida. Quase ao mesmo tempo , cientistas de Berkeley divulgou a descoberta de unnilhexium 263 após bombardear 249 californium com oxigênio 18 Em 1993, cientistas do Lawrence Livermore e Berkeley Laboratories repetiu a experiência e confirmou o resultado. Foi nomeado em homenagem a Glenn Seaborg .

Bohrium
Número atômico : 107
Símbolo químico: Bh
Grupo VII B A Transactinide

Em 1981, a criação do que unnilseptium anunciado por físicos que trabalham em Darmstadt, na Alemanha, no GSI . A equipe propuseram o nome de Nielsbohrium após Neils Bohr . Suas reivindicações de pesquisa foram confirmadas em 1992 pela IUPAC . Em 1997, eles mudaram o nome para bohrium .

Hassium
Número atômico : 108
Símbolo químico: Hs
Grupo VIII B Uma Transactinide

Em 1984, uma equipe liderada por Peter Ambruster e Gottfried Munzenberg anunciou a descoberta de unniloctium , elemento 108 Este foi o mesmo time que havia sintetizado bohrium . O nome Eles propuseram que hassium haasia após o nome latino para o Estado alemão Hesse. Em 1992, a IUPAC confirmou os achados eo nome . As propriedades químicas e físicas são desconhecidas .

Meitnerium
Número atômico : 109
Símbolo químico : Mt
Grupo VIII B Uma Transactinide

Em 1982 , a equipe de Darmstadt anunciou a descoberta de elemento 109 , bombardeando bismuto 209 com altos íons de ferro de energia 58 . Por incrível que junho PARECEM apenas 3 átomos foram criados e Eles deteriorado em questão de 3,4 milésimo de segundo . Eles propuseram a nomeá-lo depois de Lise Meitner , que havia punho Descrito alongwith fissão nuclear Otto Hahn.

Ununnilium
Número atômico : 110
Símbolo químico ; uun
Grupo VIII B Uma Transactinide

Depois de quase 10 anos, os cientistas internacionais que trabalham no GSI na Alemanha criou com sucesso quatro ou cinco átomos de um novo elemento 110 Usando um grande acelerador para dirigir átomo de níquel para altas velocidades Eles bombardeou uma fina folha de chumbo com átomo de prótese movimento rápido de níquel. O novo elemento quebra rapidamente afastados e decai em átomo mais leve.

Foi detectado pelos 4 partículas alfa caindo sobre ele emite o seu processo de decadência.

Unununium
Número atômico : 111
Símbolo químico: Uuu
Grupo IB Um Transactinide

As propriedades químicas do elemento 111 não são conhecidos . Como se encontra na mesma coluna de ouro e de prata , é presumivelmente um metal . Depois de acelerar átomo de níquel para altas velocidades Pesquisadores alemães bombardeados com síntese de bismuto em movimento rápido átomo de níquel. A identificação deste elemento é significativo , uma vez que suporta a teoria thatthere existe para ' Islândia de estabilidade " para os elementos perto de elemento 114 O elemento tem uma meia-vida de cerca de 8 vezes o fez de Ununnilium .

UNUNBIIUM
Número atômico : 112
Símbolo químico: Uub
Grupo II B Uma Transactinide

Em fevereiro de 9,1996 GSI na Alemanha anunciou a criação do elemento 112 todo o crédito para a equipe internacional sob Pedro Ambruster . Tinham Bombardeado átomo de zinco que tinha sido acelerados a altas velocidades com balas de chumbo que se movem rapidamente . Durante a colisão de um átomo de zinco conseguiu fundir com o átomo de chumbo .

Ununquadium
Número atômico : 114
Símbolo químico: Uuq
Grupo IB Um Transcatinide

Em 1999, uma equipe de cientistas do Instituto de articulação para a Pesquisa Nuclear da Rússia anunciou a criação de um novo metal ultra- pesado. A equipe utilizou um ciclotron para bombardear o plutônio 244 com um feixe de cálcio - 48 núcleos . Após cerca de 40 dias de bombardeio, um núcleo com 20 prótons Calicium fundido com plutônio núcleo com 94 prótons Produzir elemento com 114 prótons por diante. Embora instável sobreviveu um tempo relativamente longo .

A determinação para encontrar respostas ocultas da natureza não diminuiu. A busca continua para a busca sempre contínua de novos elementos super- pesados. A força motriz por trás deste esforço é a busca do conhecimento thatwill iniciar um rico novo campo de estudo das propriedades nucleares e químicas dos elementos.

Há, portanto, uma motivação mais utilitária para a busca de elementos fez -se a Islândia de estabilidade. Muitos cientistas acreditam que , por exemplo, se a tese novos elementos formarão materiais inusitados com propriedades exóticas nunca antes visto . As respostas sendo procurados neste esforço são de fundamental importância para a nossa compreensão do universo.

www.ingramcontent.com/pod-product-compliance
Lightning Source LLC
Chambersburg PA
CBHW070723180526
45167CB00004B/1589